A ROBÓTICA COMO FERRAMENTA DE ENSINO DE MATEMÁTICA

Coleção Relatos de Si

2ª Edição

Gabriela Lacerda
Dulcinéia de Freitas Garcia
Gabriel Araújo Freitas
Marcos Roberto da Silva

Editora IGM
2023

Dados Internacionais de Catalogação na Publicação (CIP)

L131r

Lacerda, Gabriela.

A robótica como ferramenta de ensino de matemática / Gabriela Lacerda; Dulcinéia de Freitas Garcia; Gabriel Araújo Freitas; Marcos Roberto da Silva. Coleção Relatos de Si. Volume: 3. 2ª edição. Goiânia: IGM, 2023.

40 p. : il. ; 14 cm

ISBN: 978-65-80508-81-5

1. Educação. 2. Tecnologias. 3. Robótica. 4. Matemática
I. Título

CDU: 37
CDD: 370

Sumário

Introdução

O presente relato tem como objetivo elucidar as práticas feitas pelos residentes pedagógicos (RP) baseando-se nas concepções da Educação Matemática Inventiva (SILVA, 2020; SILVA & SOUZA JR. 2019, 2020a, 2020b), a qual vinculamos ao projeto de pesquisa "EMIR: Educação Matemática Inventiva com Robótica", é importante destacar que os projetos são vinculados à Universidade Estadual de Goiás (UEG), Campus Sudoeste Sede-Quirinópolis.

o presente projeto, busca tratar da robótica, isto é, o "estudo dos robôs, o que significa que é o estudo da sua capacidade de sentir e agir no mundo físico de forma autônoma e intencional" (MATARIĆ, 2014, p. 21) na perspectiva da robótica educacional nas quais estão ligadas as ideias de Barbosa (2016), onde foram utilizadas como um dispositivo (DELEUZE, 1996) provocador da aprendizagem durante o desenvolvimento das produções inventivas.

O projeto EMIR iniciou-se durante a pandemia do Covid-19, portanto houve limitações em relação aos encontros presenciais, o que a princípio nos pareceu essencial. Entretanto, como todos nós adaptamos às restrições, decidimos que todas as reuniões a fim de decisões, encontros para sugestões e a elaboração do projeto seria feita de maneira remota com a finalidade de não adiarmos o projeto.

Logo, as nossas reuniões foram feitas via Google *Meet*[1], demos início à produção e elaboração deste, contando com a participação e proatividade de todos os RP.

Dúvidas e comunicados eram transmitidos pelo aplicativo de comunicação

---

[1] é um serviço de comunicação por vídeo desenvolvido pelo Google.

efetiva *WhatsApp*[2] e deste modo conseguimos executar a primeira etapa de nosso projeto.

Como foi dito anteriormente, todas as reuniões e encontros ocorreram de forma virtual. A tratar desses encontros, uma das etapas que concluímos e que foi fundamental foi a escolha do conteúdo que abordaríamos e o que faríamos a esse respeito.

No CEPI - Independência foram escolhidas as turmas de 1º (primeiro) a 3º (terceiro) ano do Ensino Médio para ser abordado os conteúdos de Função Exponencial. Para que isso ocorresse,

2 é um aplicativo multiplataforma de mensagens

dividimos os 16 (dezesseis) acadêmicos em 4 (quatro) grupos para que cada grupo elaborasse seu próprio *mundo inventivo* e os problemas inventivos pertinentes a ele.

Diante da possibilidade de comunicação sem custos, participamos de diversos eventos para apresentar a nossa proposta de ensino alicerçadas nas concepções da *Educação Matemática Inventiva* (EMI) (SILVA, 2020; SILVA & SOUZA JR. 2019, 2020a, 2020b), sendo um destes um evento interno promovido pela própria UEG, denominado VIII Congresso de

---

instantâneas e chamadas de voz para smartphones.

Ensino Pesquisa e Extensão (CEPE), e o outro, um evento externo chamado XVIII Semana Acadêmica de Matemática (SEMAT), no Câmpus da UFNT em Araguaína.

Tanto essa obra como por exemplo NASCIMENTO et al. (2022), FERNANDES et al. (2022), LOPES SILVA et al. (2022), COSTA et al. (2022), ALVES et al. (2022), DA SILVA et al. (2022), LEÃO et al. (2022) são fruto de trabalhos colaborativos.

Ambos os eventos foram de extrema importância para a formação do futuro professor, uma vez que possibilita a interação dele com os seus pares e a troca de experiência.

Resultados e Discussão

O cerne das nossas experiências e ações é a EMI, o qual apresentou-se como um projeto vinculado à UEG - Câmpus Sudoeste, Sede Quirinópolis, na residência pedagógica durante o ano de 2021 (dois mil e vinte um), contando com a participação de 24 (vinte e quatro) residentes pedagógicos, 3 (três) preceptores das escolas-campo e o professor orientador.

O desenvolvimento da pesquisa ocorreu durante a produção de uma Proposta Educacional de Robótica, segundo a concepção da EMI. Para tanto, foram produzidos de maneira colaborativa 9 (nove) problemas inventivos.

Quadro 1: Situações problemas – Módulo I.

1. Agora que assistimos ao vídeo é a sua vez de inventar um nome para o robô e para o mundo inventivo que ele nos mostrou durante o passeio pelos lugares percorridos. **2.** Durante seu passeio pelo mundo inventivo, nosso colega robô avistou diversos veículos, mas teve um que foi o que mais chamou a atenção dele, o mesmo contém dois objetos de formas idênticas, mas cores diferentes, e um outro objeto com comprimento maior que sua largura, nos fale que veículo é esse. **3.** O robô precisa saber o perímetro da pá onde os objetos da questão anterior se encontram, vocês conseguem descobrir qual é o perímetro da pá para ajudá-lo? Em caso afirmativo, qual é esse perímetro? **4.** Agora o robô quer saber o que a pá está

carregando. Quando ele viu esses objetos, rapidamente se lembrou das aulas de matemática, mesmo assim ele não lembra o nome dos objetos. Você lembra? Quais os nomes desses objetos?

5. Além de lembrar o nome dos objetos da questão anterior, mostre ao robô que você também sabe como calcular pelo menos a área de um dos objetos que se encontram dentro da pá.
6. O Robô está muito feliz que vocês estão o ajudando, ele quer saber só mais uma coisa, qual o volume aproximado dos objetos dentro da pá, sabendo que a terceira dimensão que não aparece no vídeo é de aproximadamente 6 cm?
7. O que vimos no vídeo e respondemos nas perguntas se encaixam dentro do currículo escolar da matemática, que conteúdos abordamos?
8. Agora é a sua vez de inventar uma situação problema para o robô usando o vídeo como referência, troque ideias com outras pessoas quando necessário. Lembre-se de usar os nomes que você inventou para o robô e para o mundo inventivo. Após inventar seu problema compartilhe o mesmo com um colega, cada um tentando

responder a atividade do outro.
9. Comente o que você achou a respeito da nossa proposta de aprendizagem com uso da robótica.

Fonte: Os autores.

Os problemas inventivos que produzimos foram trabalhados em duas aulas de matemática em uma turma 9º (nono) ano do Colégio Estadual Dr. Onério, durante a exploração do seguinte mundo *inventivo*:

Figura 1: Mundo inventivo – Módulo I.

Fonte: Os autores.

A apresentação da Proposta Educacional de Matemática com Robótica ocorreu por meio da plataforma Google *Meet*, com o auxílio do professor orientador nós enviamos o link[3] da aula no grupo de estudos da escola-campo a qual estávamos aplicando a proposta.

Posteriormente, os alunos acessaram e demos início à nossa aplicação exibindo o vídeo com os detalhes do cenário inventivo pelo YouTube, compartilhamos a tela para que todos vissem.

Por esse mesmo método, nós apresentamos o documento que continha os problemas inventivos produzidos e respondemos coletivamente.

---

3 Disponível em: <https://www.youtube.com/watch?v=vO3JvuvTWQM&t=4s>. Acesso em 8 mar. 2022.

A Figura 2 elucida a utilização da proposta educacional de matemática com robótica em âmbito escolar.

Figura 2: Nomeação do robô seguidor de linha e cenário inventivo

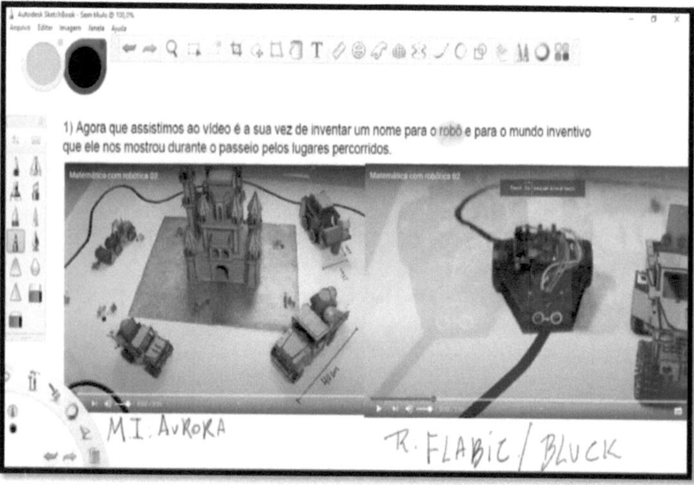

Fonte: Os autores.

Na Figura 2, denotamos que para Maturana e Varela (1995, p. 72) "todo conhecer produz um mundo", portanto, partimos da premissa de que nosso conhecimento matemático foi materializado por este cenário inventivo denominado coletivamente como: "Aurora".

No quadro 2 apresentamos os problemas inventivos que foram produzidos durante nossa pesquisa:

Quadro 2: Problemas inventivos - Módulo II

1. Dê um nome ao robô e ao mundo inventivo. **2.** Você sabe o que é uma função exponencial pura? Se sim, diga se as funções que estão representadas no vídeo são puras. **3.** Sobre as funções mostradas no vídeo:

   a) Dentre todos os vários tipos de funções existentes (afim, quadrática, exponencial, logarítmica, modular e trigonométrica) defina qual é o tipo de função que representa cada gráfico e justifique.
   b) Defina a lei de formação das funções esboçadas em cada.

4. Observando os gráficos, retire:
   a) Os pares ordenados do primeiro gráfico.
   b) Os pares ordenados do segundo gráfico.

5. No primeiro gráfico o paciente infectado não teve tratamento para a sua patologia. Observando o vídeo e o movimento do robô, responda:
   a) Quantas bactérias estavam presentes no corpo do paciente a zero hora?
   b) depois de 2 horas quantas bactérias tinha no corpo do paciente?
   c) Quantas horas passaram para atingir 16 (mil) bactérias?

6. Você conseguiu entender qual a necessidade de resolvermos/modelarmos determinados problemas utilizando especificamente a função exponencial?

7. Se a lei de formação da função fosse 3^x qual seria o número de bactérias após 2 hora de proliferação? (primeiro gráfico)

8. Se a lei de formação da função fosse qual seria o número de bactérias após 2 (duas) horas de proliferação?

	(primeiro gráfico)
9.	Compartilhe conosco como foi essa experiência para você e invente um probleminha relacionado ao deslocamento do robô seguidor de linha na curva e compartilhe com outros colegas ou pessoas próximas a você e nos descreva como foi o desenrolar dessa pesquisa.

Fonte: Os autores

Nossas concepções ligadas as produções de problemas inventivos encontram embasamento nas produções de Silva (2020), Silva & Souza JR. (2019; 2020a; 2020b) no campo educacional da matemática, com fortes ressonâncias no campo da psicologia nos trabalhos de Kastrup (2001; 2007a).

No módulo II os problemas inventivos foram elaborados a partir da análise e construção do *mundo inventivo*, o qual consiste em um corpo que é contaminado por uma bactéria, e a função exponencial serve para modelar a proliferação do micro-organismo ao longo do tempo que a bactéria infectou o órgão principal.

Figura 3: Mundo Inventivo[4].

Fonte: Os autores.

4 Disponível em: <https://www.youtube.com/watch?v=Qq1ZD9tn18E>. Acesso em: 8 mar. 2022.

Nós apresentamos o nosso projeto, inicialmente, aos nossos colegas participantes da RP e ao nosso orientador, a fim de que este fizesse as considerações necessárias para que não houvesse falhas na apresentação do cenário inventivo nos eventos e nas escolas.

Figura 4: Cenário inventivo.

Fonte: Os autores.

Na figura 4 é observável a abordagem escolhida para a utilização da proposta de aprendizagem, haja vista que supracitamos os problemas inventivos elaborados.

Houve alguns empecilhos e benefícios durante a utilização da Proposta Educacional de Matemática com Robótica. As contrariedades encontradas foram justamente o modo pelo qual tivemos que nos adaptar para aplicar a nossa proposta devido ao distanciamento social.

Concluímos que seria mais eficiente se pudéssemos apresentar nosso cenário inventivo presencialmente aos alunos, proporcionando, assim, uma experiência mais dinâmica.

Contudo, o momento foi suficientemente satisfatório apesar dos impasses, tendo em vista que almejamos uma aprendizagem mais inventiva e interativa.

Figura 5: Comunicações científicas.

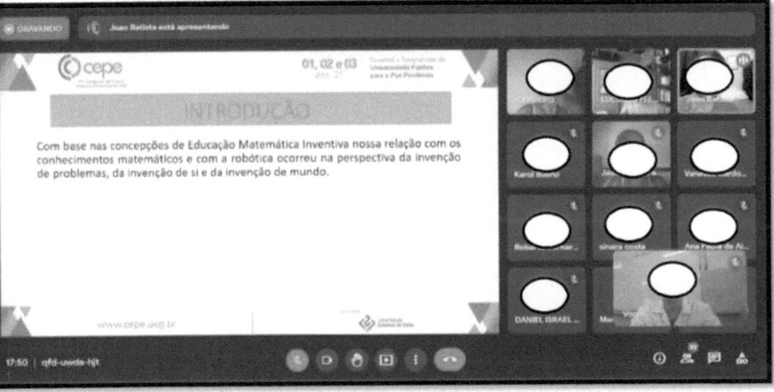

Fonte: Os autores.

No módulo III, realizamos várias reuniões que agregaram imensamente à nossa jornada na Residência Pedagógica, pois discutimos os trabalhos anteriores e planejamos a execução do último.

Como a etapa coincidiu com as férias dos alunos da Educação Básica, aproveitamos o momento para submeter a nossa proposta pedagógica em eventos como apresentado na figura 5, dessa forma, pudemos apresentar à comunidade acadêmica o trabalho que temos produzido durante o nosso estágio.

Considerações Finais

As contribuições da pesquisa na vida acadêmica dos participantes do Projeto Educacional de Matemática com Robótica foram significativas.

Dentre elas, por exemplo: a experiência com a docência anterior à formação; o contato vigente com a pesquisa científica; a oportunidade de poder elaborar e criar problemas à nossa escolha; a abordagem da matéria de um modo distinto e não tradicional; e a imprescindível para nós, discentes universitários, a produção acadêmica.

Ao tratar-se do tema deste artigo, pensemos na seguinte pergunta: A Proposta Educacional de Robótica provocou experiências de aprendizagem para os Residentes Pedagógicos? Tal pergunta evoca uma reflexão coletiva acerca das nossas práticas e o que podemos agregar à nossa experiência formativa.

Posterior à reflexão adotada por nós ao considerarmos a experiência vivenciada e o referencial teórico, concluímos que a Proposta Educacional de Robótica tenha provocado investigação de aprendizagem e ensino inventivo em nós.

Baseamos tal afirmação no fato de que nos interessamos, nos envolvemos e exploramos nossa capacidade inventiva.

Naturalmente, o aporte teórico foi fundamental no decurso do projeto porque a invenção de si está muito voltada às ideias da *autopoiese* (MATURANA & VARELA, 1995, 2002), aprendizagem inventiva (KASTRUP, 2000, 2001, 2004, 2005, 2007a, 2007b, 2010, 2012, 2015) e formação inventiva de professores (DIAS, 2008, 2009, 2011a, 2011b, 2012, 2014, 2018, 2019) que por sua vez são significativas em meio a constituição de uma *Educação Matemática Inventiva* (SILVA, 2020; SILVA & SOUZA JR. 2019; 2020a; 2020b).

Referências

Alves, G. H., da Silva, M. R., Freitas, G. A., & Silva, S. C. P. (2022). TC6 ENSINAR MATEMÁTICA DE UMA FORMA DIFERENTE. ***Anais do Seminário de Ensino, Pesquisa e Extensão do Câmpus Sudoeste, 1, 103-111.***

BARBOSA, F. C. Rede de Aprendizagem em Robótica: uma perspectiva educativa de trabalho com jovens. 2016. 366 f. Tese (Doutorado em Educação e Ciências Matemáticas) – Programa de Pós-Graduação em Educação, Universidade Federal de Uberlândia. 2016. DOI: < https://doi.org/10.14393/ufu.te.2016.62>. Disponível em: < https://repositorio.ufu.br/handle/123456789/17564>. Acessado em: 12 mar. 2022.

Costa, K. G., da Silva, M. R., Freitas, G. A., Garcia, D. F., & Zuliani, L. B. P. (2022). TC5 EDUCAÇÃO MATEMÁTICA INVENTIVA: PRODUZINDO PROPOSTAS EDUCACIONAIS DE MATEMÁTICA. ***Anais do Seminário de Ensino, Pesquisa e Extensão do Câmpus Sudoeste, 1, 93-102.***

DIAS, Rosimeri de Oliveira. Modos de trabalhar uma formação inventiva de professores: escrita de si, arte, universidade e escola básica. In: DIAS, Rosimeri de Oliveira; RODRIGUES, Heliana de Barros Conde. Escritas de si. Rio de Janeiro: Lamparina, 2019. 256 p.

DIAS, Rosimeri de Oliveira; BARROS. Maria Elizabeth; RODRIGUES, Heliana Conde de Barros. A questão da formação a partir de 'proust e os signos' - o acaso do encontro e a necessidade do pensamento. ETD: Educação Temática Digital. Campinas, SP, v. 20 n. 4 p.

947-962, out./dez. 2018. DOI: https://doi.org/10.20396/etd.v20i4.8649718. Disponível em: https://periodicos.sbu.unicamp.br/ojs/index.php/etd/article/view/8649718/18670. Acesso em 2 fev. 2022.

DIAS, Rosimeri de Oliveira. Vida e resistência: formar professores pode ser produção de subjetividade? Psicologia em Estudo, Maringá, v. 19, n. 3, p. 415-426, jul./set. 2014. DOI: https://doi.org/10.1590/1413-73722233705. Disponível em http://www.scielo.br/pdf/pe/v19n3/a07v19n3.pdf. Acesso em: 2 fev. 2022.

DIAS, Rosimeri de Oliveira. Formação Inventiva de Professores. Rio de Janeiro: Lamparina, 2012.

DIAS, Rosimeri de Oliveira. Deslocamentos na formação de professores: aprendizagem de adultos, experiência e políticas cognitivas. Rio de Janeiro: Lamparina, 2011a.

DIAS, Rosimeri de Oliveira. Pesquisa–intervenção, cartografia e estágio supervisionado na formação de professores. Fractal: Revista de Psicologia, v. 23 – n. 2, p. 269-290, Maio/Ago. 2011b. Disponível em: <http://www.scielo.br/pdf/fractal/v23n2/v23n2a04.pdf>. Acesso em 27 fev. 2022.

DIAS, Rosimeri de Oliveira. Formação Inventiva de Professores e Políticas de Cognição. In: Informática na Educação: teoria & prática. Porto Alegre, v.12, n.2, jul./dez. 2009. ISSN digital 1982-1654 ISSN impresso 1516-084X. Disponível em: <https://seer.ufrgs.br/InfEducTeoriaPratica/article/view/9313>. Acesso em: 2 fev. 2022.

DIAS, Rosimeri de Oliveira. Deslocamentos na formação de professores: aprendizagem de adultos, experiência e políticas cognitivas. Rio de Janeiro: UFRJ, 2008. 224 f. Tese (Doutorado). Programa de Pós-Graduação em Psicologia, Universidade Federal do Rio de Janeiro, Rio de Janeiro, 2008. Disponível em: <encurtador.com.br/hDOT4>. Acesso em 24 fev. 2022.

DELEUZE, G. O que é um dispositivo? In: DELEUZE, G. O mistério de Ariana. Lisboa: Vega, 1996, p. 83-96.

de Oliveira Nascimento, E. M., da Silva, M. R., Freitas, G. A., & Silva, S. C. P. (2022). TC1 APRENDIZADO PEDAGÓGICO EM PERÍODO DE PANDEMIA: UMA EXPERIÊNCIA EDUCACIONAL COMO RESIDENTE DE MATEMÁTICA NA UNIVERSIDADE ESTADUAL DE GOIÁS. ***Anais do Seminário de Ensino, Pesquisa e Extensão do Câmpus Sudoeste, 1, 59-66.***

da Silva, M. P., da Silva, M. R., Freitas, G. A., & Garcia, D. F. (2022). TC9 INTERVENÇÃO PEDAGÓGICA COM ROBÓTICA NO PROGRAMA FEDERAL RESIDÊNCIA PEDAGÓGICA. ***Anais do Seminário de Ensino, Pesquisa e Extensão do Câmpus Sudoeste, 1, 129-136.***

dos Santos Leão, M., da Silva, M. R., Freitas, G. A., & Garcia, D. F. (2022). TC12 RELATO DE EXPERIÊNCIA: EDUCAÇÃO MATEMÁTICA INVENTIVA COM ROBÓTICA. ***Anais do Seminário de Ensino, Pesquisa e Extensão do Câmpus Sudoeste, 1, 152-159.***

Fernandes, D. M., da Silva, M. R., Freitas, G. A., & Garcia, D. F. (2022). TC3 EDUCAÇÃO MATEMÁTICA INVENTIVA COM ROBÓTICA EM TEMPOS DE PANDEMIA. ***Anais do Seminário de Ensino, Pesquisa e Extensão do Câmpus Sudoeste, 1, 76-83.***

KASTRUP, Virgínia. A cognição contemporânea e a aprendizagem inventiva. In: KASTRUP, Virgínia.; TEDESCO, Silvia; PASSOS, Eduardo. Políticas da cognição. Porto Alegre: Sulina, 2015. 295 p.

KASTRUP, Virgínia. Conversando sobre políticas cognitivas e formação inventiva. In: DIAS, Rosimeri de Oliveira. Formação Inventiva de Professores. Rio de Janeiro: Lamparina, 2012.

KASTRUP, Virgínia. A aprendizagem inventiva. Entrevista por Juliano Reis Silveira. Edição Fábio Purper Machado. In: PASSOS, Eduardo. KASTRUP, Virgínia; ESCÓSSIA, Liliana da. Pistas do método da cartografia: pesquisa intervenção e produção de subjetividade. Porto Alegre: Sulina, 2010. 207 p.

KASTRUP, Virgínia. A invenção de si e do mundo: uma introdução do tempo e do coletivo no estudo da cognição. Belo Horizonte: Autêntica, 2007a. 256 p.

KASTRUP, Virgínia. A invenção na ponta dos dedos: a reversão da atenção em pessoas com deficiência visual. Psicologia em Revista, Belo Horizonte v. 13 n. 1, jun. 2007b. disponível em: <http://periodicos.pucminas.br/index.php/psicologiaemrevista/article/view/261>. Acesso em 22 fev. 2022.

KASTRUP, Virgínia. Políticas cognitivas na formação do professor e o problema do devirmestre. Educação & Sociedade, Campinas, vol. 26, n. 93, p. 1273-1288, Set./Dez. 2005. DOI: https://doi.org/10.1590/S0101-73302005000400010. Disponível em:

http://www.scielo.br/pdf/es/v26n93/27279.pdf. Acesso em 2 fev. 2022.

KASTRUP, Virgínia. Aprendizagem da atenção na cognição inventiva. Psicologia & Sociedade, Porto Alegre, v. 16. n. 3, set./dez. 2004. Disponível em: http://www.scielo.br/pdf/psoc/v16n3/a02v16n3.pdf. Acesso em: 05 mar. 2022.

KASTRUP, Virgínia. Aprendizagem, arte e invenção. Psicologia em Estudo, Maringá, v. 6, n. 1, p. 17-27, jan./jun. 2001. DOI: <https://doi.org/10.1590/S1413-73722001000100003>. Disponível em <http://www.scielo.br/pdf/pe/v6n1/v6n1a03.pdf>. Acesso em: 10 fev. 2022.

KASTRUP, Virgínia. O devir-criança e a cognição contemporânea. Psicologia Reflexão e Crítica, Porto Alegre, v. 13, n. 3, 2000. DOI: https://doi.org/10.1590/S0102-

79722000000300006. Disponível em: <encurtador.com.br/aryAF>. Acesso em: 12 fev. 2022.

MATARIĆ, M. J. **Introdução à robótica** / tradução Humberto Ferasoli Filho, José Reinaldo Silva, Silas Franco dos Reis Alves. São Paulo: Editora Unesp/Blucher, 2014.

MATURANA, H..; VARELA, F.. A árvore do conhecimento. Tradução Jonas Pereira dos Santos. São Paulo: Editorial Psy II, 1995.

SILVA, Náabis Lopes et al. TC4 EDUCAÇÃO MATEMÁTICA INVENTIVA: GEOMETRIA PLANA E ESPACIAL UTILIZANDO A ROBÓTICA. **Anais do Seminário de Ensino, Pesquisa e Extensão do Câmpus Sudoeste**, v. 1, p. 84-92, 2022.

SILVA, M. R., SOUZA. JR., A. J. O uso da robótica na perspectiva da educação matemática inventiva. **ETD - Educação Temática Digital**, 22(2), 406-420. 2020a. https://doi.org/10.20396/etd.v22i2.8654828. Disponível em: <encurtador.com.br/hyT07>. Acesso em: 12 mar. 2022.

SILVA, M. R., SOUZA. JR., A. J. Educação Matemática Inventiva: interfaces entre universidade e escola. Revista de Ensino de Ciências e Matemática (REnCiMa), v. 11, p. 212-224, 2020b. DOI: https://doi.org/10.26843/rencima.v11i3.2463. Disponível em: <encurtador.com.br/insDX>. Acesso em: 07 fev. 2022.

SILVA, M. R. Experiência com robótica educacional no estágio-docência: uma perspectiva inventiva para formação inicial dos professores de matemática. 2020. 252 f. Tese (Doutorado em Educação) – Universidade Federal de Uberlândia, Uberlândia, 2020. DOI: https://doi.org/10.14393/ufu.te.2020.222.

Disponível em: https://repositorio.ufu.br/handle/123456789/29034. Acesso em: 30 jan. 2022.

SILVA, M. R., SOUZA. JR., A. J. Educação Matemática Inventiva: fruto de uma pesquisa com o uso de robótica no estágio-docência. In: XIII ENEM - Encontro Nacional de Educação Matemática. 2019. Cuiabá-MT. Portal de eventos - sbem / Mato Grosso. Disponível em: https://www.sbemmatogrosso.com.br/eventos/index.php/enem/2019/paper/view/681 Acesso em: 30 jan. 2022.

SILVA, M. R. Matemática com Robótica: propostas de aprendizagem com interação virtual. Coleção Educação Matemática Inventiva. Livro Híbrido, volume: I. Goiânia: IGM, 2021. 25 p. Disponível em: <https://clubedeautores.com.br/livro/matematica-com-robotica>. Acesso em 27 mar. 2022.

SILVA, M. R. Matemática com Robótica: propostas de aprendizagem com interação virtual. Coleção Educação Matemática Inventiva. Livro Híbrido, volume: II. Goiânia: IGM, 2021. 25 p. Disponível em: <https://clubedeautores.com.br/livro/matematica-com-robotica-iii>. Acesso em 27 mar. 2022.

SILVA, M.R. Matemática com Robótica: propostas de aprendizagem com interação virtual. Coleção Educação Matemática Inventiva. Livro Híbrido, volume: III. Goiânia: IGM, 2021. 25 p. Disponível em: <https://clubedeautores.com.br/livro/matematica-com-robotica-ii>. Acesso em 27 mar. 2022.

www.ingramcontent.com/pod-product-compliance
Ingram Content Group UK Ltd.
Pitfield, Milton Keynes, MK11 3LW, UK
UKHW041842200726
13854UKWH00005BA/1995
9 786580 508563